'ART' Make-up

| 아트 메이크업 |

김양은 · 이미희 · 송미영 · 김은주 공저

光文閣
www.kwangmoonkag.co.kr

머리말

복잡하고 다양한 매스미디어의 발달로 현대인들은 단순히 얼굴을 예쁘게 보이고자 하는 기존의 뷰티 메이크업에서 벗어나 새로운 전문성이 강조되는 아트 메이크업에 대한 관심이 높아지고 있다. 메이크업의 예술적인 감각과 독창성을 강조하는 아트 메이크업은 디자인 요소와의 결합을 통하여 예술성이 부각되는 전문적인 분야로서 패션쇼, 잡지, 화보촬영, 광고, 영화, 포스터 등에서 출현이 빈번해 지고 있다. 따라서 아트 메이크업은 창의적인 패턴을 구상할 수 있는 능력과 외형적인 이미지를 새롭게 변화시켜 창출시킬 수 있는 감각을 필요로 한다. 아트 메이크업은 헤어와 메이크업, 패션 등, 토털 코디네이션의 완벽한 조화 속에서 새로운 유행을 창조하는 힘을 가지고 있다.

미용대학에서는 주로 졸업 작품전이나 발표회, 대회 등을 통해서 아트메이크업을 선보이기는 하나, 교과 과정에서의 체계적인 교육의 부재로 어려움을 겪곤 한다.

아트 메이크업에 있어서, 창의성과 독특한 디자인의 구상이 중요한 만큼 다양한 자료와 정보를 통한 연구가 필요하다.

먼저 이 교재에서는 주로 독창성이 강조되는 페이스 페인팅, 판타지 메이크업, 보디 페인팅, 3가지로 정리하여 아트 메이크업의 이해와 디자인의 원리 및 디자인사에 대해 설명하고 있으며 재료의 사용법, 아트 메이크업의 기법과 과정 등 여러 가지 테크닉을 선보이고 있다. 학생들의 미적인 감각을 높이

고자 사진 자료를 최대한 많이 참고하였으며, 이 자료를 통하여 응용력과 창의성을 높이는데 도움을 주고자 한다.

아트 메이크업은 단순한 기능의 한계를 넘어서 디자인과의 결합으로 하나의 예술 작품으로 승화될 수 있는 분야이다. 메이크업은 개인의 이미지를 최대한 상승시킬 수 있는 힘을 가지고 있다. 여기에 아트 메이크업은 그 이상의 전문성과 독창성으로 인간의 내면적인 요소까지 표출할 수 있는 하나의 작품으로서의 가치가 있는 것이다. 따라서 이 교재를 통하여 학생들의 무한한 재능이 유감없이 발휘될 수 있기를 기대한다.

하지만, 바쁘다는 핑계로 이 글을 쓰는 순간까지도 교재의 미비함을 부끄럽게 생각한다. 앞으로 더 나은 지식으로 교재를 보충할 수 있기를 바란다. 끝까지 도움을 주신 광문각 박정태 사장님과 임직원들께 감사한 마음을 전하고자 한다.

2009년 2월

저자 일동

목차

 ART Make up ART Make up ART Make up ART Make up ART Make up

03 | 아트 메이크업 / 63

04 | 아트 메이크업의 기법 / 85

05 | 아트 메이크업의 분류 / 101

01 아트 메이크업의 이해

Chapter 01
아트 메이크업의 이해

1. 아트 메이크업의 개념

아트 메이크업이란 'ART'와 'MAKE UP'의 합성어로 미적 용도로 사용되는 메이크업에 예술성을 부여한 것으로 다양한 도구와 재료를 사용하여 인체에 독특한 이미지로 표현하는 조형예술의 한 분야이다. 즉, 아티스트가 가진 창의적이고 독창적인 작품세계를 인체라는 캔버스에 표현 기법, 주제, 재료에 구해 받지 않고 다양하게 표현할 수 있는 예술작품이라 볼 수 있다.

아트 메이크업은 주제에 연관된 이미지를 추상적 화법, 구체적인 묘사, 다양한 문양이나 이미지의 형상 등으로 표현하여 작품으로 완성한다. 이때 작품의 완성도를 높이고 좀 더 대중들의 공감대를 높이기 위해서 의상과 소품 활용, 헤어 연출을 통한 토털 코디네이션의 적용이 필요하다.

아티스트의 생각이나 주제를 얼굴 혹은 신체를 바탕으로 한 다양한 그림, 형태, 장식 등을 이용하여 강한 메시지를 전달하거나 창의적으로 이미지화할 수 있다.

인체에 행하는 메이크업으로 인체 구조의 파악과 컬러와의 조화를 충분히 고려해야 한다.

아트 메이크업은 내적 이미지의 세계를 시각적으로 표현하는 예술 형태로서 다양한 소재로 신체를 장식하고 개성적인 자아를 표현하는 미의 세계라고 볼 수 있다. 미의 개념은 영원불변한 것이 아니고 사회적 관습이나 유행 심리에 의해 변화, 재구성되는 것으로서 미의 가치관은 사회와 종속적 관계로 끊임없이 변화되는 특성을 지니고 있다.

아트메이크업은 프랑스나 유럽을 중심으로 활성화되기 시작하여 광고 매체 등 미디어에 주목을 받고 있으면서 메이크업의 중요한 한 분야로 자리를 잡아가고 있다.

2. 아트 메이크업의 의의

현대 사회가 더욱 복잡하고 다양화됨에 따라 문화 예술 전반에서 기존의 이상적인 미의 기준에 전적으로 맞추는 획일화된 형태보다는 개인의 독특하고 창조적인 개성 표현을 중시하는 경향이 나타나고 있으며, 예술의 한 분야인 메이크업에서도 이와 같은 현상이 두드러지고 있다. 아트 메이크업은 여러 가지 주제에 대하여 어떤 관습이나 고정관념에 묶이지 않고 새롭고 가치 있는 아이디어를 다양하게 창출할 수 있는 장점을 가지고 있다.

인간이 가진 창의력과 다양한 아이디어로 아트 메이크업에 독창성을 부여하고 아트 메이크업이 예술적 가치를 지닐 수 있도록 창의성이 발휘되어야 한다. 이러한 상상력을 바탕으로 하여 아트 메이크업은 아티스트의 정신세계를 작품에 반영할 수 있어야 한다.

따라서 아트 메이크업은 다양한 개성적 표현의 욕구에 의해 정형화된 메이크업에 대한 상식을 초월하여 아티스트의 독창적인 감성을 인체를 통하여 예술적으로 표현할 수 있다.

아트 메이크업은 메이크업과 미술이라는 분야가 접목된 개념으로 인체만이 가지는 고유한 성질을 캔버스로 이용한 작품으로,

인체는 매우 독특한 성질의 캔버스로 다른 물질과 달리 살아 움직이는 유동성을 가진 다양한 굴곡을 가지고 있다. 이러한 인체를 이용한 아트 메이크업은 인체의 움직임에 의한 우연한 효과를 얻을 수도 있으며, 감정을 가진 생명체로서 주제를 더욱 효과적으로 표현할 수 있다.

아트 메이크업은 인간의 육체, 즉 골격과 피부, 피부의 색 등 곡선과 면을 동시에 가지고 있으며 특별한 회화적 기법으로 인체를 디자인할 수 있다.

아트 메이크업은 인간의 육체를 재조형한 예술의 한 분야로서 자리매김해 왔으며 특별한 회화적 기법으로 인체를 디자인한 것이다. 따라서 인간과 가장 밀착된 예술의 한 형태로서 시각적인 화려함을 연출할 수 있는 메이크업의 한 장르이다.

또한, 지금까지 메이크업은 예술적 가치보다는 미용적인 측면의 '화장'으로 부각되어 왔지만, 현대에는 다양한 재료와 독특한 장르에서 요구되는 창의적인 메이크업의 한 분야로서 즉흥적인 작품에서 실험성 강한 작품까지 작은 이벤트와 국제적인 예술 행사에서 필요로 하는 예술 문화의 한 장르로 인식되어 가고 있다.

3. 아트 메이크업의 기원과 발달

메이크업의 시발점을 명확히 알 수는 없지만 인간이 가진 아름다움에 대한 욕망은 태고적 원시 인류부터 시작되었다고 볼 수 있다. 원시 미술에서 찾아보면 원시 인류는 옷을 입기도 전에 자연으로부터 영향을 받아 꽃, 동물 문양 등을 회화, 조각, 문신 등의 형태로 피부에 남겼는데, 이것이 메이크업의 시초라고 보고 있다.

인류의 태동과 함께 시작됐던 바디 아트는 고대 원시 사회부터 인간의 보호 본능, 개성적 자아 표현, 사회적 표현 욕구, 종교적 욕구를 충족시키기 위해 다양한 방법으로 이용되어 왔다. 이러한 모습은 원시 시대 동굴벽화와 유물들에서 찾아볼 수 있다. 또한 무덤에서 인간의 형상이 페인팅 된 도기들이 발견되는 것을 보면 메이크업이 이미 오래전에 확립된 풍습이라는 것을 유추할 수 있다.

원시 사회 종족에서 흔히 볼 수 있는 것으로 얼굴이나 가슴 등에 점토나 안료를 가지고 여러 문양을 나타내어 어떤 방법으로든 몸을 아름답게 보이고 싶은 본능의 표현과, 위험으로의 위장이나 보호를 위해 얼굴에 문양을 그려 넣고, 자신들만의 고유한 색를 사용하였다. 따라서 태고적부터 인간은 신체 장식의 방법을 통하여 자신들의 미적 욕구를 충족시키고 심리적, 신체적 보호의 수단과 주술적인 목적으로 사용하였다고 할 수 있다.

고대의 아트 메이크업 중 예술적 의미가 가장 컸던 시대는 고대 이집트 시대라고 할 수 있다. 이집트 벽화에서 보듯 눈 아래쪽에는 초록색을, 눈꺼풀과 속눈썹에는 화장 먹으로 검게 칠하는 강렬한 화장을 하였다. 아이섀도와 아이라인을 코울로 검게 그렸는데 이것은 맬러카이트와 걸리너 안티모니의 가루를 동물 기름과 섞어서 만든 액체였다. 이 시대의 눈화장은 미적 용도 외에도 곤충을 쫓고 강렬한 태양 광선으로부터 눈을 보호하는 수단이기도 했으며, 눈부신 태양빛 아래서 사물을 제대로 보기 위한 생리적 목적이었다.

고대의 아프리카인들은 새의 깃털, 부리, 짐승의 뿔 또는 식물성 색소 등을 이용하여 얼굴이나 신체를 위장함으로써 전쟁 또는 승리를 꾀하고자 메이크업이 행해졌다고 본다. 또한 특이한 메이크업은 미를 나타내기보다는 계급이나 신분, 부족을 나타내기 위한 형태이다.

나이지리아인들은 자신이 소속되어 있는 가문을 타 가문들로부터 구별하기 위해 얼굴에다 각기 독특한 형태의 상흔을 하였다.

각 지역마다 민족 고유의 색채와 문양이 있고 나름대로 특징이 있는데 이는 기후, 환경, 민족성 등의 여러 가지 요인에 영향을 받는다.

메이크업이 외모를 바꾸기 위한 것이든 다른 부족과의 구별을 위해서든 또는 종교적 의식으로 사용되었든, 시대가 지날수록 점점 더 세련되어지고 있다.

이렇게 다양한 표현과 목적을 가지고 발달해 온 아트 메이크업은 원시시대부터 시작되어 다양한 신체 예술의 형태로 이어져 현대에는 독특한 예술의 한 분야로 발전되고 있다.

4. 아트 메이크업의 종류

1) 페이스 페인팅

페이스 페인팅이란 말 그대로 물감을 이용하여 '얼굴 페인팅 하는 것'으로 포인트를 주듯 얼굴의 작은 부위에 그리거나 전체에 그리는 형태로 고정화되거나, 객관적인 어떠한 규율화된 형식에 따르지 않고 개인의 주관에 따라 자유롭게 표현한다.

축제나 이벤트 시 많이 활용되고 있으며 조그마한 포인트 페인팅에서 얼굴 전체 페인팅까지 그 유형은 다양하다.

페이스 페인팅은 미학적 가치보다는 대중적인 의미를 많이 포함하고 있다고 할 수 있다.

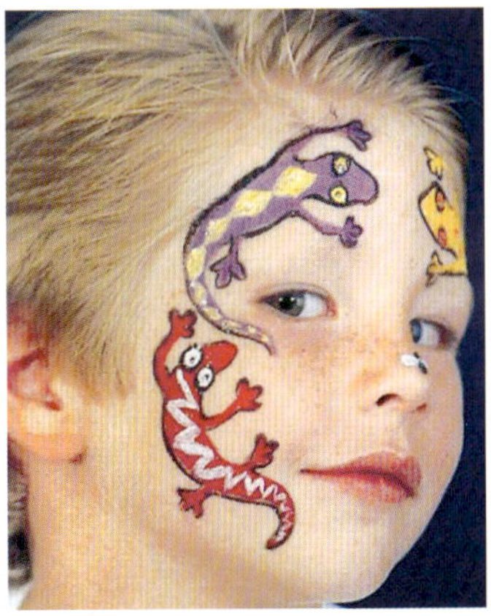

2) 판타지 메이크업

개인이 상상한 것을 주제에 맞게 표현하는 것으로 다양한 재료와 컬러로 디자인하여 환상적인 느낌으로 표현하는 메이크업을 말한다.

일정한 틀이나 제재에 구애받지 않고 창의적인 표현이 가능하므로 독특한 소재를 이용하여 얼굴의 윤곽과 전체적인 조화를 이루는 토털 코디네이션의 개념으로 통일감을 고려하여 디자인해야 한다.

판타지 메이크업은 사실적인 표현을 형상화시키는 구체적인 디자인과 상상의 세계를 표현하는 추상적 디자인이 있다.

ER
0

ALEGRÍA

POWER IN THE BALANCE

3) 보디 페인팅

보디 페인팅은 입체적인 몸 위에 그림을 그리기 때문에 기본적으로 신체의 해부학적인 면이나 골격 구조, 피부의 특성 등을 먼저 파악한 뒤 입체적인 형태와 구조에 따라 디자인을 하고, 아름다움을 최대한 살려 자신의 작품 세계를 표현하는 것이 중요하다.

아티스트의 예술성이 유감없이 발휘되는 장르로서 다양한 창작성이 요구되지만, 무엇보다 중요한 것은 창작성과 더불어 조화와 통일감이 있어야 주제가 돋보이는 작품으로 완성될 수 있다. 특히 디자인의 완성은 주제에 맞는 다양한 소품들과 함께 조화를 이룰 수 있어야 하며 오브제를 이용하여 독창적인 효과를 극대화할 수 있다.

시각적으로 표현할 수 있는 어떤 소재나 모티브 등을 다양한 도구와 재료를 이용하여 인체를 이미지화 또는 형성화시켜 재구성하는 것으로 모델과 관중, 음악, 무대, 조명 등이 전체적으로 조화가 이루어질 때 완성되는 종합 예술이라 할 수 있다.

*보디 페인팅 디자인 시 유의점

인체의 특징을 잘 이해하여 보디의 곡선과 근육의 움직임을 잘 분석하여 주제에 맞는 디자인을 결정하고 전체적인 조화를 이룰 수 있는 컬러의 선택이 디자인에 있어서 중요한 부분을 차지한다. 특히 선의 움직임에 따라 변하는 면적인 부분과의 연결이 잘 되어야 하므로 음영의 변화에 따른 그라데이션이 중요한 테크닉의 하나이다.

이러한 음영의 차이에 의해 강한 이미지와 율동적인 이미지, 생동감을 느낄 수 있는 작품으로 완성될 수 있다.

02 아트 디자인

Chapter 02 아트 디자인

1. 디자인의 원리

디자인의 원리란 어떤 실체를 형성하기 위하여 그것이 이루어져야 할 각 요소들의 상호 의존적인 질서를 만들기 위한 구조적 계획이다. 즉, 디자인 요소들이 어떤 특정한 효과를 표현하기 위해 어떻게 결합되어야만 하는가를 결정하는 연관 법칙 또는 구성 계획이라 할 수 있다. 이러한 원리들은 독립적으로 나타나는 것이 아니라 상호 보완적인 관계를 갖고 형식적 요소나 감각적 요소의 영향에 의해 총체적으로 표현된다.

1) 조화

2개 이상의 요소 또는 부분적인 상호 관계에서 서로 미적, 감각적인 효과를 극대화하는 것을 말한다. 합리적인 조화는 요소 상호 간에 공통성이 있음과 동시에 무엇인가의 차이가 있을 때에 얻어지는 것이 보통이다.

(1) 유사 조화

같은 성격의 요소들의 조합들로 이루어진 것으로 각 요소가 동일하지 않아도 서로 닮은 형태나 모양, 종류, 의미, 기능끼리 조화를 이루는 것을 말한다.

(2) 대비 조화

서로 다른 요소들의 결합을 말하며 서로가 다른 것을 강조하면서 조화를 이루는 것을 말한다. 개성적이며, 설득력이 풍부하고 대비가 클수록 서로의 성격이 뚜렷해진다.

2) 균형

두 개 이상의 요소 사이에서 부분과 부분 또는 전체 사이에 시각상의 힘이 안정되어 있으며 보는 사람에게 안정감을 준다. 시각적인 균형은 모양, 명도, 질감, 색채의 균형으로 구분해 생각해 볼 수 있다.

(1) 대칭

가장 안정적이며 통일감을 얻기 쉬우나 엄격하고 딱딱한 느낌을 준다.

(2) 비대칭

형태상으로 불균형이지만 시각상의 정돈에 의해 균형잡힌 것으로 보이며 개성을 느끼게 한다.

3) 리듬

조형 작품에서 리듬은 반복된 형태나 구조, 선의 연속과 단절에 의한 간격의 변화로 일어나는 시선의 시각적 운동을 말한다.

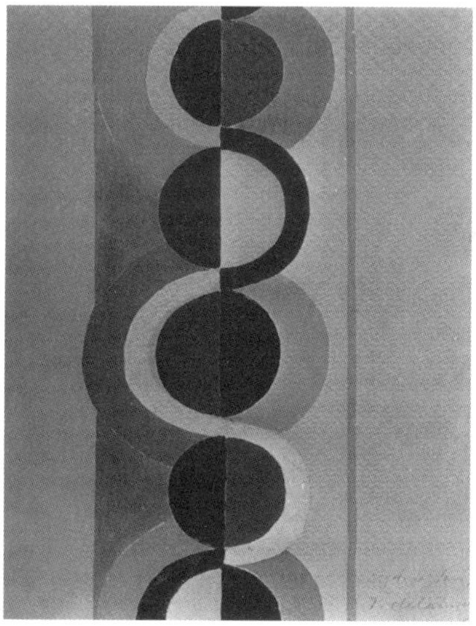

4) 반복

각 요소들이 일정한 간격을 두고 규칙적으로 되풀이되는 것을 말한다.

5) 강조

강조는 특정 부분에 중점 또는 변화의 효과를 주어 시각적으로 두드러짐을 나타내는 것이다.

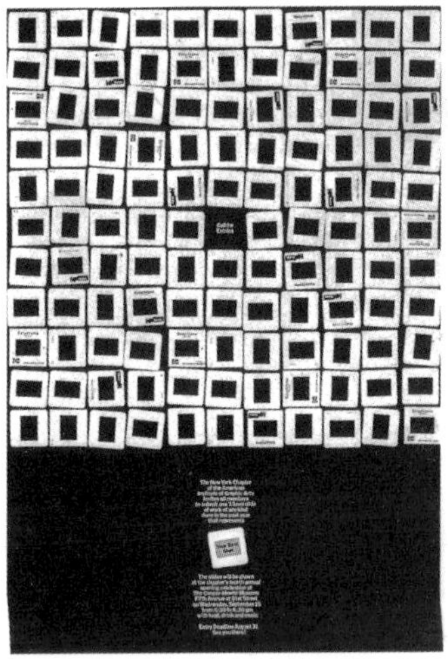

6) 통일과 변화

통일과 변화란 대상의 부분과 전체, 부분과 부분 사이에 질서를 주는 형식으로 모든 디자인에 적용되는 원리이다. 통일감은 주제, 모양, 무늬, 크기를 반복하는 것은 물론 색채, 질감, 재료에서 조화를 이루도록 함으로써 기본적인 통일을 성취할 수 있다.

2. 디자인의 조건

1) 합목적성

목적에 도달하기 위해 적합해야 한다는 것을 의미하며 효율성, 기능성이라 할 수 있다.

2) 심미성

디자인은 아름다워야 한다는 것으로 아름답다는 느낌, 즉 미의식은 매우 주관적이며 시대성, 국제성, 민족성, 개성에 따라 차이가 있다고 할 수 있다.

3) 경제성

최소의 비용과 활동으로 최대의 디자인을 창출해 내는 행위이다.

4) 독창성

독창적인 성향을 말하며 다른 것을 모방하지 않고 새로운 것을 처음으로 만드는 것을 말한다.

5) 질서성

합목적성, 심미성, 경제성, 독창성의 4가지 조건이 하나의 집합체로 통일되는 것을 질서성이라 하며, 이들이 서로 조화를 이룰 때 좋은 디자인이라 평가한다.

3. 아트 디자인의 요소

1) 인체

아트 메이크업은 인체에 행해지는 예술로 입체적인 얼굴 형태와 굴곡이 있는 피부 근육은 작품을 구상하여 표현할 때 중요한 영향을 미친다.

그리기 전에 사람의 골격에 따른 음영의 차이를 이해하여 평면적인 이미지가 아닌 입체적인 작품으로 완성되어야 한다.

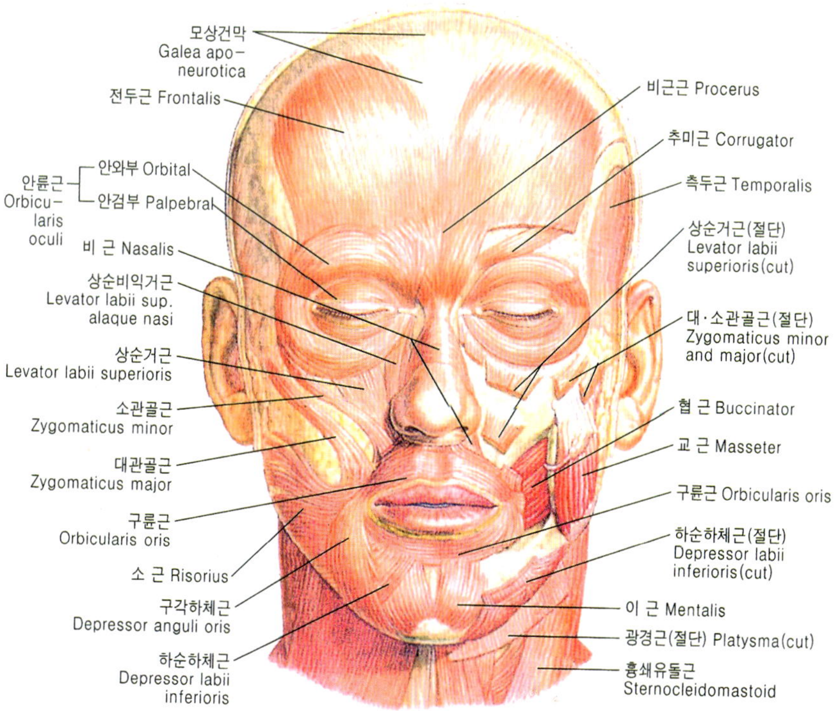

안면표정근(전면)

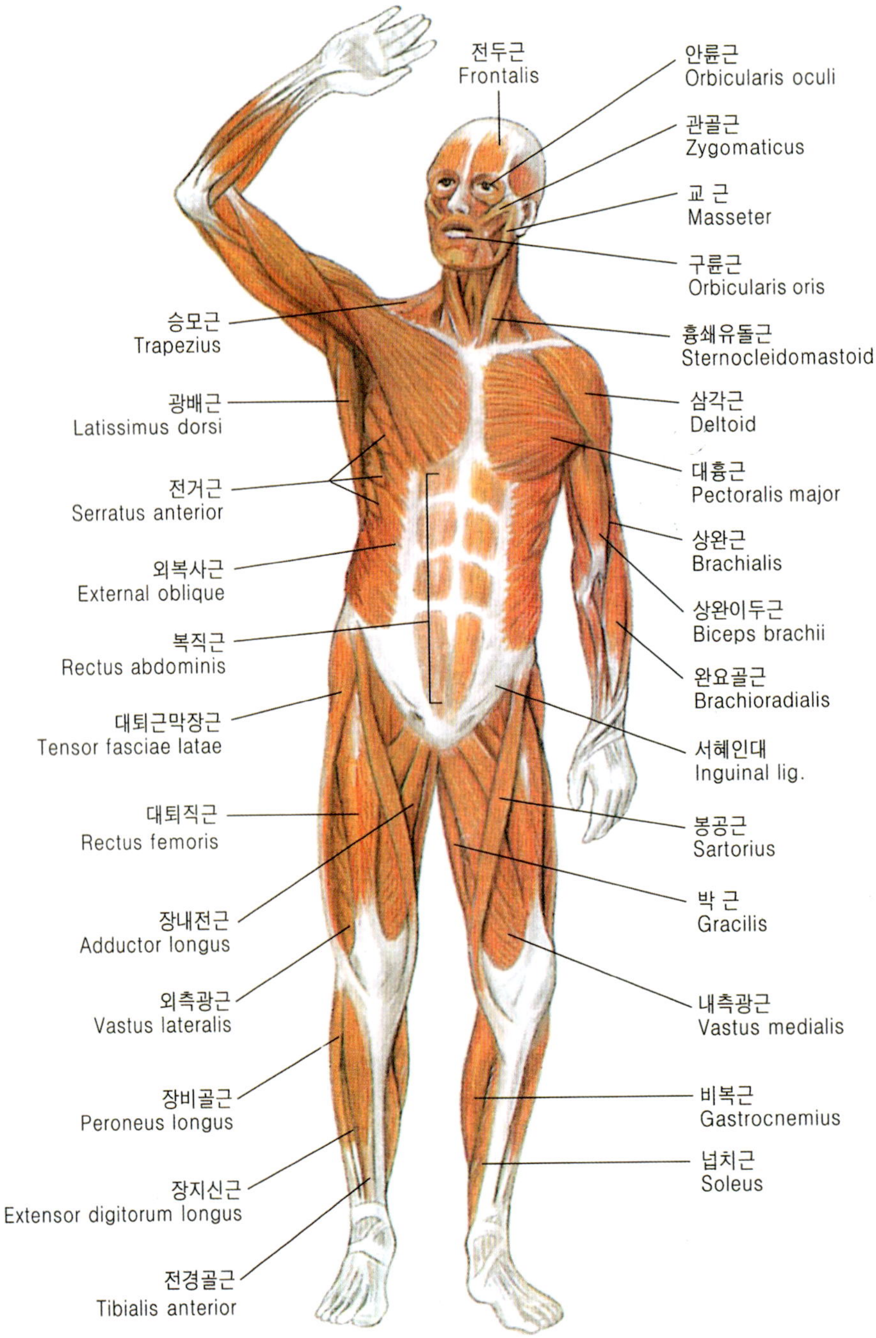
전두근
Frontalis
안륜근
Orbicularis oculi
관골근
Zygomaticus
교 근
Masseter
구륜근
Orbicularis oris
승모근
Trapezius
흉쇄유돌근
Sternocleidomastoid
광배근
Latissimus dorsi
삼각근
Deltoid
전거근
Serratus anterior
대흉근
Pectoralis major
외복사근
External oblique
상완근
Brachialis
상완이두근
Biceps brachii
복직근
Rectus abdominis
완요골근
Brachioradialis
대퇴근막장근
Tensor fasciae latae
서혜인대
Inguinal lig.
대퇴직근
Rectus femoris
봉공근
Sartorius
장내전근
Adductor longus
박 근
Gracilis
외측광근
Vastus lateralis
내측광근
Vastus medialis
장비골근
Peroneus longus
비복근
Gastrocnemius
넙치근
Soleus
장지신근
Extensor digitorum longus
전경골근
Tibialis anterior

전신의 근육(전면)

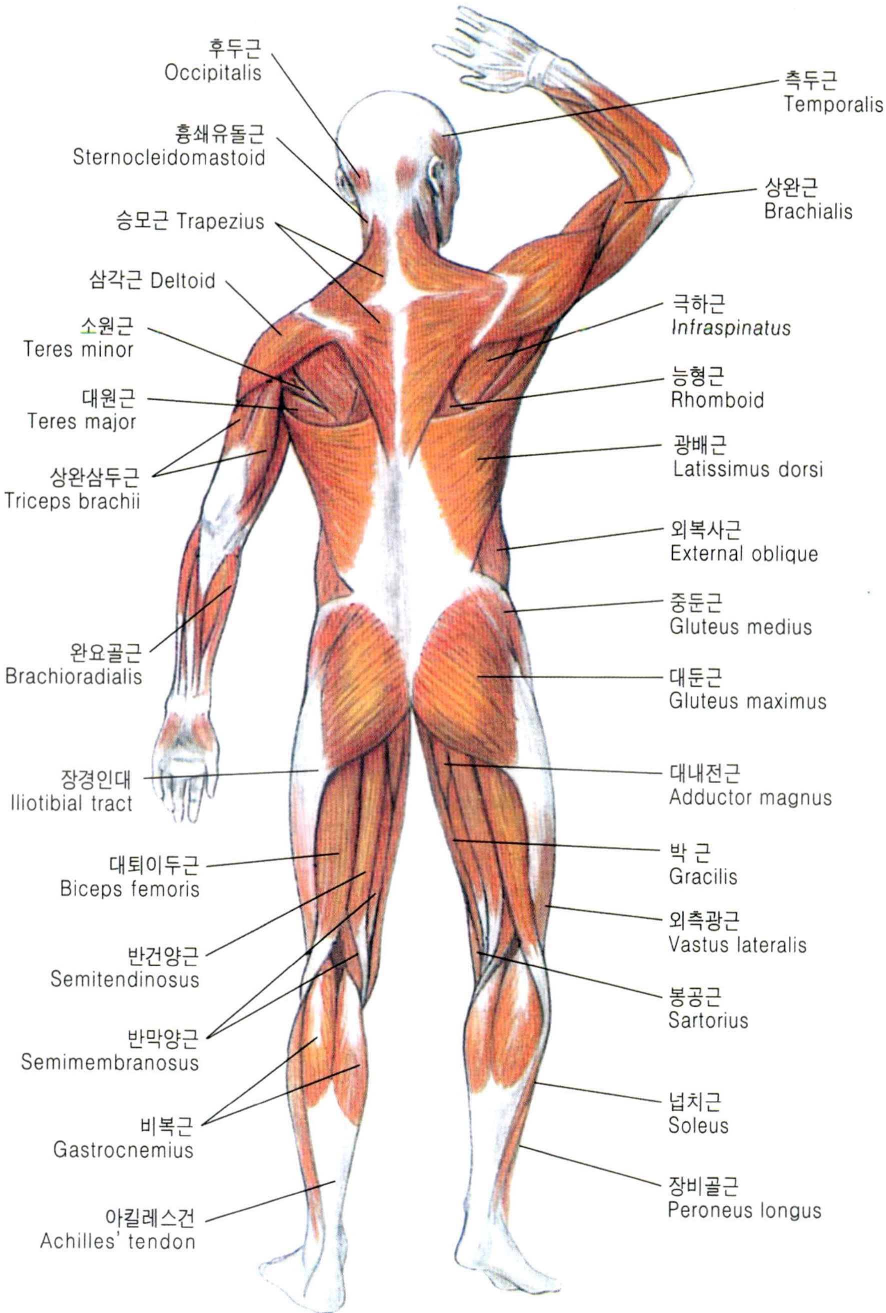
후두근
Occipitalis
흉쇄유돌근
Sternocleidomastoid
승모근 Trapezius
삼각근 Deltoid
소원근
Teres minor
대원근
Teres major
상완삼두근
Triceps brachii
완요골근
Brachioradialis
장경인대
Iliotibial tract
대퇴이두근
Biceps femoris
반건양근
Semitendinosus
반막양근
Semimembranosus
비복근
Gastrocnemius
아킬레스건
Achilles' tendon
측두근
Temporalis
상완근
Brachialis
극하근
Infraspinatus
능형근
Rhomboid
광배근
Latissimus dorsi
외복사근
External oblique
중둔근
Gluteus medius
대둔근
Gluteus maximus
대내전근
Adductor magnus
박 근
Gracilis
외측광근
Vastus lateralis
봉공근
Sartorius
넙치근
Soleus
장비골근
Peroneus longus

전신의 근육(후면)

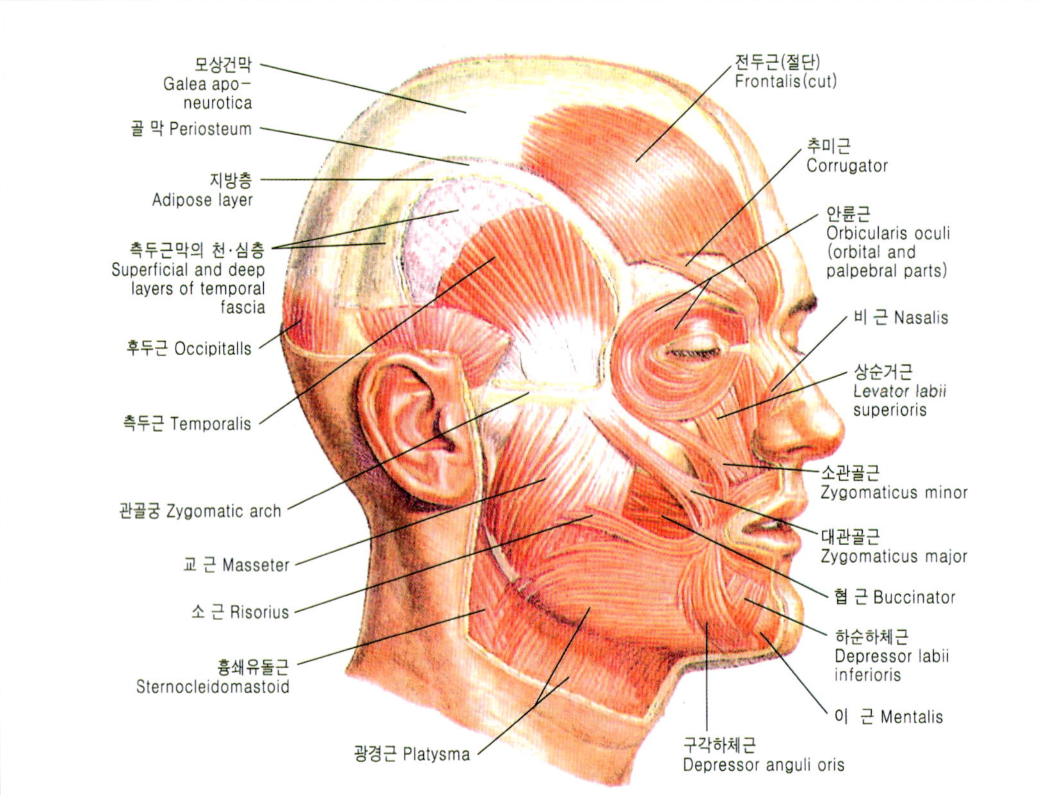

안면표정근(외측면)

2) 점, 선, 면

(1) 점

형태를 지각하는 최소의 단위로서 더는 나눌 수 없고 위치만을 나타내며, 크기나 방향은 존재하지 않는다. 크기가 커지면서 면으로 인식된다.

(2) 선

선은 두께나 폭은 없고 길이와 방향을 나타내며 면을 구성하는 기본 요소가 된다.

① 수평선 : 평온, 평화, 정지, 무한함, 정적인 느낌
② 수직선 : 희망, 상승, 권위, 숭고함
③ 사선 : 운동감, 속도감, 불안한 느낌
④ 기하학적인 선 : 딱딱하고 기계적, 긴장감
⑤ 자유곡선 : 여성적, 자유분방, 무질서

(3) 면

2차원적인 요소로 점의 확대나 선이 이동한 자취, 넓이는 존재하지만 두께는 없다.

입체를 생성하는 기본적인 요소가 되며 질감, 원근감, 컬러 등을 표현할 수 있으며 면이 클수록 진출의 느낌이 있으며 면이 작을수록 후퇴의 느낌이 강하다.

3) 색채

시각적인 자극을 가장 강하게 느낄 수 있는 색채는 작품의 완성도를 높일 수 있는 중요한 요소이다. 이러한 색채를 조화롭게 표현하기 위해서는 다양한 컬러의 배색을 통하여 컬러가 가지는 이미지를 작품에 담아낼 수 있다.

(1) 배색의 종류

1 동일 색상 배색

동일한 색상으로 명도나 채도의 변화를 주는 배색으로 이미지는 부드럽고 온화하며 자연스러운 융화감을 얻을 수 있는 배색이다.

2 유사 색상 배색

색상 차가 크지 않는 색상끼리의 배색으로 정적이면서 무난하고 안정감을 주는 배색이다.

배색 시 명도나 채도의 차이를 크게 두어 색의 변화를 줄 수 있다.

3 반대 색상 배색

서로 반대되는 색상끼리의 배색으로 뚜렷하고 화려하며 강한 이미지를 나타낸다. 배색 시 명도나 채도의 변화뿐만 아니라 면적 대비의 효과도 고려하여 변화를 줄 수 있어야 한다.

4 톤 온 톤 배색

톤을 겹친다는 의미의 배색으로 동일한 색상으로 톤의 변화를 주어 색이 선명하고 정돈된 이미지를 나타낸다.

5 톤 인 톤 배색

색상의 차이를 두면서 톤이 같거나 비슷한 색끼리의 배색으로 동일 색, 유사 색 배색의 경우와 비슷한 느낌을 준다.

(2) 색채의 상징

① 색채의 상징에는 국가의 상징, 신분·계급의 구분, 종교·관습의 상징, 지역의 구분, 기억의 상징, 방위의 표시가 있다.

② 사회, 문화 정보로서의 색은 문화에 따라 다르게 적용되는 경우가 있다.

> 예) 노란색 – 동양 문화권에서 신성한 색채
> 서양 문화권에서 겁쟁이, 배신자

③ 색채는 다양한 문화권에 상징적인 의미를 전달하는 역할을 해왔다.

> 예) 녹색– 국제적 언어로서 안전을 상징하는 색

1 국가의 상징

- 한국에는 음향오행 사상에 입각한 전통 색으로 오정색과 오간색이 있다.
  - 오정색 : 적(赤), 청(靑), 황(黃), 백(白), 흑(黑)
  - 오간색 : 오정색의 배합에 의해 만들어진 녹(綠), 자(紫), 홍(紅), 벽(碧), 유(騮)

- 스페인, 라틴계 민족은 난색계를 좋아한다.

• 게르만인과 스칸디나비아 민족은 한색계를 선호한다.

• 중동과 이슬람 문화권, 회교국 등에서는 녹색, 파란색 계열을 선호한다.

• 아프리카에서는 주술적 의미가 강한 색으로 적색, 흑색, 백색, 다갈색의 브라운 톤을 선호한다.

• 중국은 붉은색, 황색 등 동양적인 색채를 선호한다.

2 신분과 계급의 상징 색

예로부터 왕족들은 자신의 최고 권위를 상징하는 색으로 황금색이나 자주색의 옷을 입었다

중국의 왕조는 갈색, 녹색, 황색 옷을 입었으며, 로마에서는 자주색을 입었다.

3 종교의 상징 색

- 기독교-빨강
- 천주교 - 흰색, 검정
- 불교 - 황금색

4 방위의 상징색

오방색(오정색)이란 우리나라에 음양오행에 근거한 전통적으로 사용되었던 색이다.

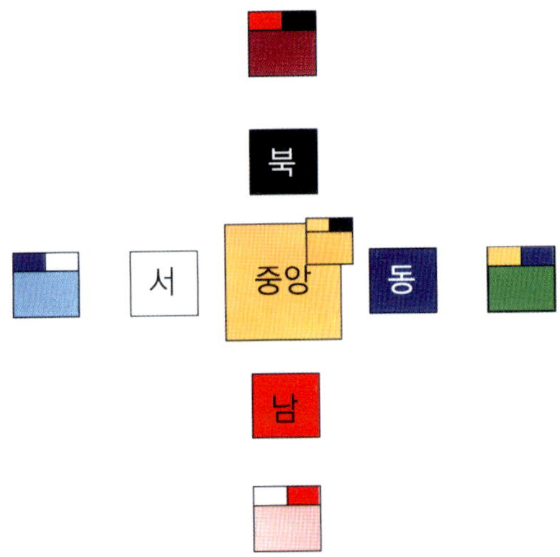

- 청색-동쪽- 청룡-목(木)-인(仁)
- 적색-남쪽-주작-화(火)-예(禮)
- 황색-중앙-황룡-토(土)-신(信)
- 흑색-북쪽-현무-수(水)-지(知)
- 백색-서쪽-백호-금(金)-의(儀)

4) 질감

어떤 물체를 직접 만져 보지 않더라도 일반적인 경험이나 물체의 표면에서 느껴지는 차이를 통하여 알 수 있는 것을 질감이라 한다. 디자인 요소로서의 질감은 '시각적'으로 바뀌어 우리 눈에서 어떻게 느껴지느냐 하는 것에 중점을 두게 된다. 따라서 어떻게 실제적인 물체의 질감을 '시각'으로 보이게 만들어 내는가 하는 문제는 중요하다.

메이크업의 질감은 주로 제품의 특징에 따라서 표현하게 된다. 매트(Mat)한 표현은 광택이 없고, 밋밋한 표면 상태로 수분과 유분을 모두 제거한 무광의 질감 표현이며 펄(Pearl), 글리터(Glitter)는 인공적인 재료, 즉 펄이나 반짝이 등을 사용함으로써 인공적으로 반짝이거나 광택을 주는 표현이다. 글로시(Glossy)는 보습제를 이용하여 빛을 반사시킴으로써 윤기와 광택이 나도록 하여 번들거리게 하는 것이다. 아트 메이크업에 있어서 질감적인 표현은 여러 가지 이미지의 효과를 극대화시킬 수 있으며 같은 색상이라도 질감의 차이를 통하여 연출되는 작품의 이미지가 부각된다.

4. 디자인 사조

1) 인상파

최초로 색채를 도구화한 미술 사조이다.

형태를 눈에 보이는 대로 그리지 않고 주관적 경험을 중시하며, 굵은 외곽선과 단순한 채색을 사용하였다. 피사로, 쇠라 등의 화가들이 점묘에 의한 병치보색 혼합을 시도하였다.

대표 작가 : 빈센트 반 고흐, 카미유 피사로, 폴 고갱, 클로에 모네

고흐, 〈실편백나무가 있는 밀밭〉(1889년 9월)

2) 야수파(포비즘)

20세기 초 그룹 전시회 이름을 '맹수'라고 한 것에서 유래했다.

색채를 표현의 도구뿐 아니라 주제의 이미지로 삼은 디자인 사조로서 인상주의의 빛에 의한 명암법을 거부하고 원색을 대담하게 사용했으며, 터치가 강렬하고 형태는 극도로 단순화시켰다.

대표 작가 : 앙리 마티스, 앙드레 드랭, 블라맹크

앙리 마티스, 〈빨강의 조화〉 (1908~1909)

3) 아르누보

1900년을 전후 파리를 중심으로 일어난 신예술 운동이다.

19세기 말에서 20세기 초에 일어났던 양식 운동으로서 자연물의 유기적 형태를 빌려 형식으로 특히 식물의 모티브를 이용하여 장식적, 상징적 효과를 높인 사조이다.

아르누보는 '새로운 미술'로 정의되며, 심미주의적이고 장식적인 경향의 미술로 정의된다.

아르누보, 2000, p. 321.

4) 입체파(큐비즘)

피카소와 브라크라는 두 대가의 독립된 조형상의 모색을 통해 탄생한 운동으로서 "자연을 원통, 구, 원추로 보아야 한다."라고 주장하였다.

사물의 존재를 2차원적인 면의 분할로 재구성하면서 다채로운 색채를 사용하였다.

큐비즘의 색채는 따뜻한 난색 계통의 색채를 강렬하게 사용하여 새로운 현실을 창조하므로 20세기 전반에 중심축이 되었다.

대표 작가 : 파블로 피카소, 조르즈 브라크

파블로 피카소, 〈아비뇽의 처녀들〉, 캔버스에 유채, 244×234㎝, 1907년, 뉴욕 현대미술관 소장

Pablo Picasso, 1937

5) 모더니즘

모더니즘은 권위와 도덕을 반대하고 현대 기계 문명과 도시 감각을 중시하는 사상적 · 예술적 사조이다. 산업화, 도시화, 기계화에 따른 자본주의적 생산 양식으로 제1차 세계대전의 영향을 배경으로 시작된 도시적이고 근대적인 감각을 말한다.

1920년대 일어난 표현주의, 미래주의, 다다이즘 등의 감각적, 추상적, 초현실적 경향의 여러 운동으로 전위 예술(아방가르드)에도 영향을 미쳤다.

대표적인 주조 색은 흰색을 사용하였다.

6) 다다이즘

다다이즘은 제1차 세계대전 중 스위스, 독일, 프랑스 등의 유럽과 미국에서 일어났던 반문명, 비합리성을 추구하는 예술 운동이다.

일체의 전통과 권위, 기존의 예술 형식을 부정하고 새롭고 신선한 것, 파격적인 변화를 추구하였다. 큐비즘의 콜라주와 미래주의의 인쇄 매체, 야수파의 자유로운 색채 등 칙칙하고 어두운 색조로 낡고 우중충한 색채를 주로 사용하였다. 극단적인 원색 대비를 사용하기도 했다.

대표 작가 : 마르셀 뒤샹

7) 추상주의

추상주의는 넓은 의미로 대상을 사실 그대로 묘사하지 않는 예술을 총칭하고 있다. 1910년경에 유럽 각지에서 활발히 전개되었다.

자연의 대상을 떠나 순수한 조형 요소(선, 면, 색채 등)만으로 화면을 구성하는 비대상 예술이며, 표현주의의 강한 표현, 야수주의의 색채 해방, 입체주의에서 나타난 사물의 파편화, 절대주의의 순수, 지적인 화면 등의 영향을 받아 새로운 조형 세계를 나타내려 한 것이다.

대표 작가 : 바실리 칸딘스키, 피트 몬드리안

칸딘스키, 〈원 속의 원〉

몬드리안-〈빨강파랑노랑의 구성〉

8) 초현실주의

제1차 세계대전 직후에 20년 정도 프랑스를 중심으로 일어난 전위적인 문학, 예술 운동을 의미한다.

인간의 무의식 속에 내재된 비합리적인 감정이나 잠재의식, 환상, 공상을 새로운 표현 기법을 통해 표출함으로써 현실을 초월하려는 화파이다.

원색의 빨강, 노랑, 초록 등의 컬러를 주로 사용하였고, 콜라주, 프로타주, 오브제, 데칼코마니 등의 기법을 사용하였다.

대표 작가 : 살바도르 달리, 미로

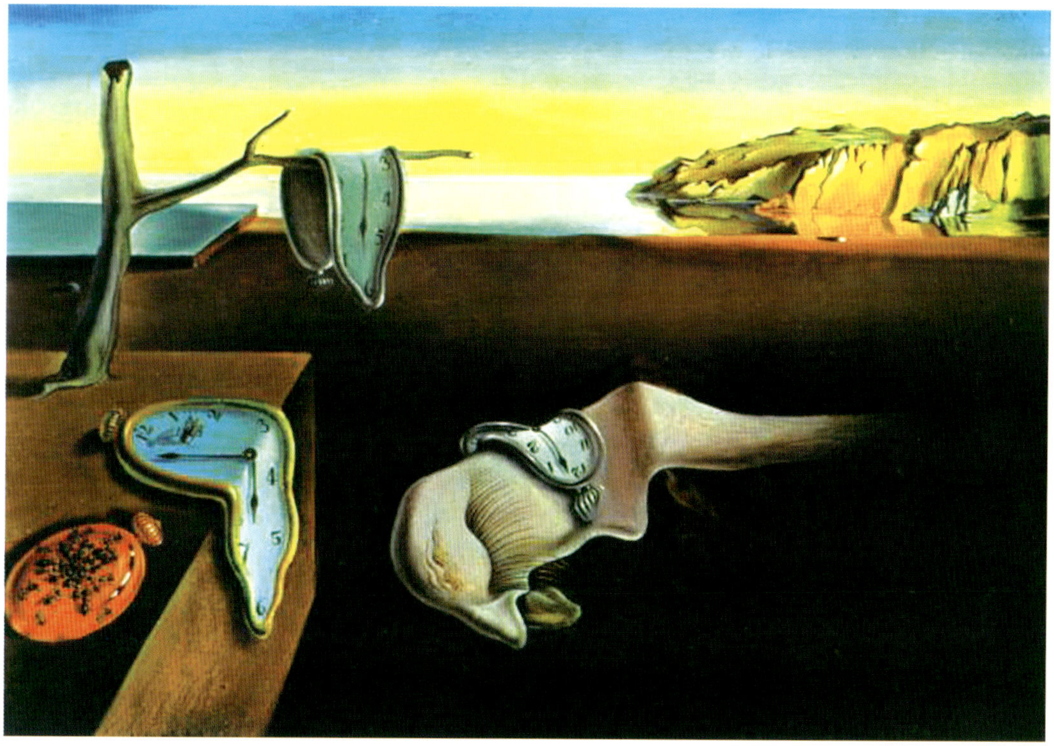

살바도르 달리, 〈기억의 영속성〉(Remorse or Sunken Sphinx, 1931)

9) 팝아트

1960년대 초에 미국과 영국에서 등장한 대중적 이미지를 차용한 미술로서 일상생활에서 흔히 볼 수 있는 물체를 주제로 다루었다.

미국을 상징하는 테크놀로지와 매스 미디어(코카콜라, 마릴린 먼로의 얼굴, 미키마우스)를 미술의 주제로 사용하였다.

도시 문화의 단면을 그대로 화폭에 옮겨놓으려는 듯한 이미지를 구현하고 어두운 색조와 혼란한 강조 색을 사용하여 인위적인 색채를 연출하였다.

대표 작가 : 앤디워홀, 올덴버그

앤디워홀, 〈마릴린 몬로〉 (1967년)

앤디워홀, 〈슈퍼맨〉

10) 옵아트

1960년대 미국에서 일어난 추상미술의 한 동향으로 색채의 시지각 원리에 근거를 두고 시각적 환영과 지각, 물리적, 심리적 효과를 적극적으로 활용한 미술 사조이다.

순수한 시각적 환영, 역동적인 빛과 색의 변화 가능성을 추구하였다. 색면의 대비나 선의 구성으로 발생하는 운동성이 주는 착시 현상을 이용하였다.

색의 원근감, 진출감을 흑과 백 또는 단일 색조를 강조하였다.

대표 작가 : 조제프 앨버트, 바자렐리, 라일리

바자렐리 〈오리온MC〉 (1963년)

11) 포스트 모더니즘

1960년대 미국과 유럽에서 시작된 문학과 예술의 사조이다. 기존의 전통적 권위나 질서 또는 체계에 도전하거나 그것을 붕괴시키고 와해시킬려고 한다. 아름다움 고유함에 대한 전통적 미학을 거부하였다. 다양성, 불확실, 불연속, 대중화, 탈 장르화로 주로 무채색 대비를 기본적으로 사용하였고, 주조 색과 강조 색의 관계를 명확히 배색하였다.

The fashion book, 1998, p. 255

12) 미니멀리즘

1960년대 후반부터 미국 미술에 부각된 한 경향으로 '최소한의 예술'을 말하며, 개성적이고 극단적인 간결성, 기계적인 정교함 등이 장점인 동시에 한계이다. 작품의 형태, 색채, 구성을 극히 단순화하였으며 단순한 기하학적 형태를 반복해서 사용하였다.

시각적 특징은 색의 절제, 표면은 흑색, 단색의 거친 금속, 금, 은, 동을 사용한다

대표 작가 : 도널드 주드, 모이스 루이스

도널드 저드, 〈무제〉(1975)

모리스 루이스, 〈펼쳐진 빛〉(1961)

13) 미래주의

20세기 초 이탈리아를 중심으로 역동성과 혁명성을 강조한 전위예술 운동으로, 기계가 지닌 차가운 역동적인 아름다움을 조형예술의 주제로까지 높였다.

현대 문명의 핵심은 속도에 있다고 보고 속도를 시각화하였고, 소재 역시 우레탄, 형광 섬유, 비닐, 주로 하이테크 소재를 사용하였다.

대표 작가 : 세베리니

세베리니,
〈푸른 옷을 입은 댄서〉
(1912)

03 아트 메이크업

Chapter 03 아트 메이크업

1. 아트 메이크업 재료

1 아쿠아 컬러

물과 섞어서 사용하는 제품으로 오랜 시간 보관이 용이하며 그라데이션이 쉬워서 초보자들에게 유리하다.

두껍게 바르면 피부 움직임에 따라 갈라지고 벗겨지는 단점이 있다.

2 아쿠아 크림

수성의 크림 타입으로 물을 섞지 않아도 되는 간편함이 있다.

발색이 뛰어나고 스피드한 작업에 적합하며 아쿠아보다 좀 더 액티브한 표현이 가능하며 광택이 난다.

여러 가지 색과 겹쳐 사용하거나 그라데이션을 할 때는 거의 물기가 없는 붓에 수건으로 닦아가며 색상을 사용하게 되면 좋은 효과가 나타난다.

3 유브이 컬러 크림(UV body creme)

UV광인 블랙라이트에서 발광하는 특수한 물감이다.

UV조명의 밝기가 밝을수록 효과는 높아진다.

색과 색의 그라데이션이 쉽지 않아 UV 이외의 물감으로 그라데이션한 후에 필요한 부분에 채색할 수 있다.

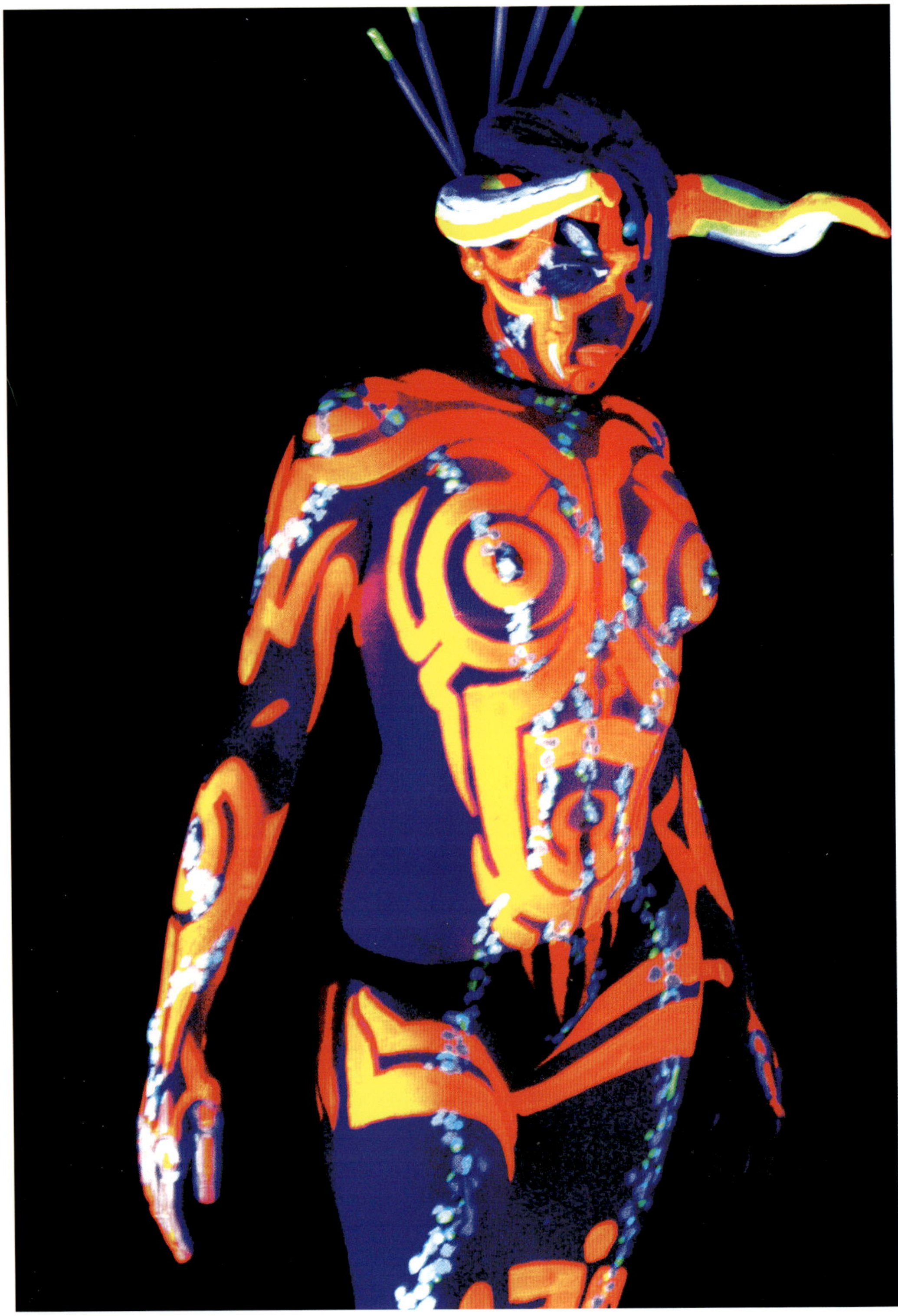

4 아쿠아렐(Aquarelle)

강한 색소로 이루어진 액체 타입으로 붓에 직접 묻혀 문양에 액센트를 넣거나 섬세한 부분을 묘사할 때 사용한다.

사용하기 전 흔들어 사용해야 하며(색소가 밑바닥에 있으므로) 강조하는 부분이나 마무리 시 용이하다.

5 라이닝 컬러

컬러 파운데이션으로 그리스 페인트라고도 한다.

자연스럽고 그라데이션이 용이하지만 잘 묻어나는 성질이 있어서 파우더를 발라주어야 한다.

파우더 처리 시 비슷한 색상을 사용하면 색의 변화를 줄일 수 있다. 페이스 페인팅 동물 분장, 무대 분장 시 혈색 및 볼 터치, 수염 자국 등에 사용한다.

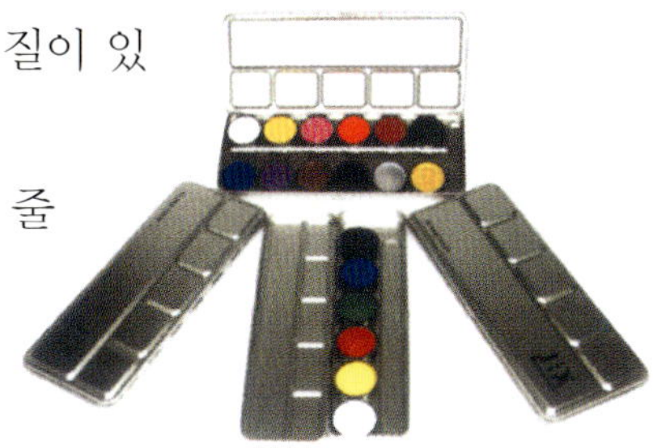

6 인조 속눈썹

눈매를 돋보이게 하는데 쓰이며 주제에 따라 다양한 속눈썹을 사용하는데, 적절한 속눈썹의 활용으로 아트메이크업의 효과를 증가시키기도 한다.

요즘에는 컬러별, 모양별, 길이에 따라 다양한 디자인의 속눈썹이 판매되고 있다.

7 글리터스

보통 '반짝이'라고 부르며 작업 후 조명 아래 반짝이는 효과와 하이라이트 부위를 더 도드라지게 하여 입체감이 필요한 경우 또는 화려한 이미지를 강조할 때 사용한다.

특히 조명 아래와 무대에서 작품의 완성도를 높여준다.

8 인조 보석

화려함을 주거나 포인트를 주기 위해서 사용한다. 크기에 따라 붙이는 위치를 세밀하게 고려해야 디자인의 흐름이 깨지지 않는다.

9 펄 파우더

글로시한 느낌을 표현할 때 사용한다.

10 스펀지

스펀지는 그 용도에 따라 다양한 모양이 있으며 파운데이션을 바르거나 몸 전체에 염료를 바르는데 사용하므로 부드러운 소재가 좋다. 특히, 블랙 스펀지는 상처나 수염 분장에 사용되고 특이한 질감을 표현할 때 사용된다.

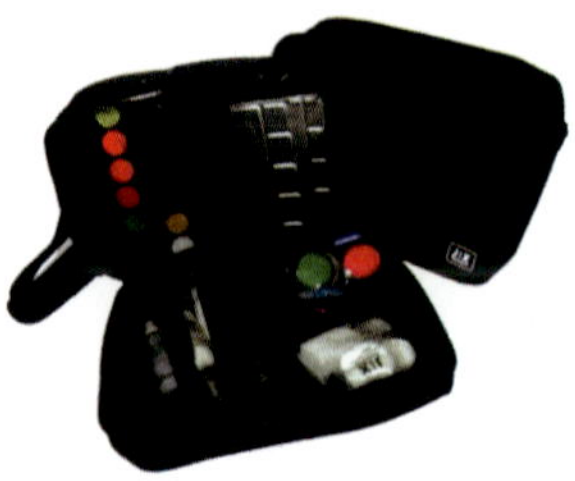

11 브러시

주로 그라데이션에 사용하며 사용 제품에 따라 브러시를 달리해야 효과적이다. 사용 면적에 따라 서로 다른 크기의 브러시를 사용하는 것이 좋다.

12 에어 브러시

컴프레서의 기계를 이용하여 물감을 분사하는 방식으로 손으로 하는 것보다 빠르게 그라데이션이 되며 작품이 정교하게 표현 될 수 있는 특징이 있다.

13 스텐실

주로 에어 브러시 작업에 사용되며, 디자인에 따라 원하는 크기나 문양을 만들 수 있다. 소재에 따라 다양한 모양이 나올 수 있기 때문에 다양한 소재를 활용할 수 있다.

14 고정 스프레이

메이크업의 지속성을 높여 주기 위한 제품으로 스프레이 타입으로 되어 있으며, 사용 시에 너무 가깝게 뿌리지 않도록 주의해야 한다.

15 아이브로 플라스틱(eyebrow plastic)

메이크업 디자인 시 필요한 경우 눈썹을 가려야 할 때 사용된다. 눈썹이 나는 방향으로 얇게 펴 바른 후 그 위에 스프리트껌을 발라준다. 더마왁스나 플라스토를 사용하는 경우도 있다.

2. 아트메이크업 표현법

1) 에어 브러시를 이용한 피부 질감 표현법

(1) 대리석 표현법

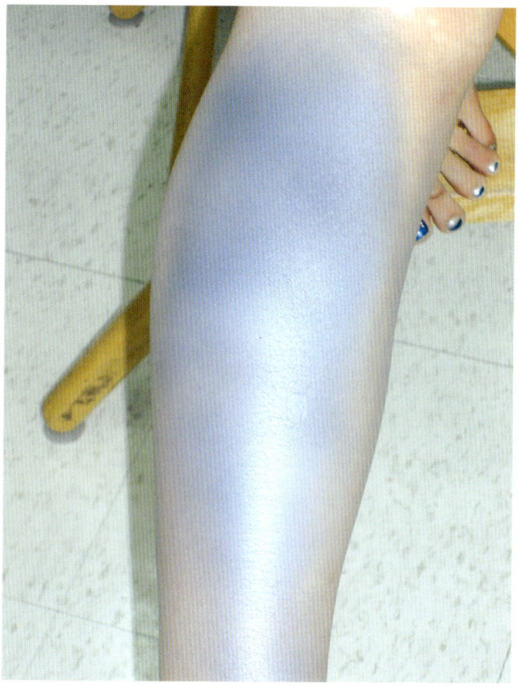

그림(1)

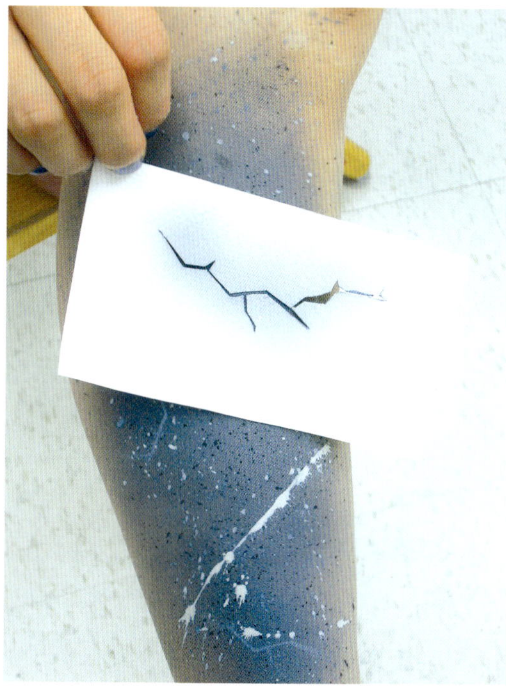

그림(2)

그림(1) 대리석 질감의 기본 색상을 선택한 뒤 에어 브러시를 이용하여 피부 전체에 1차적으로 도포한다.

그림(2) 대리석 무늬 느낌을 디자인한 종이 및 스텐실을 이용하여 피부에 밀착시킨 후 에어 브러시용 화이트 및 블랙 색상의 파운데이션을 2차적으로 도포한다.

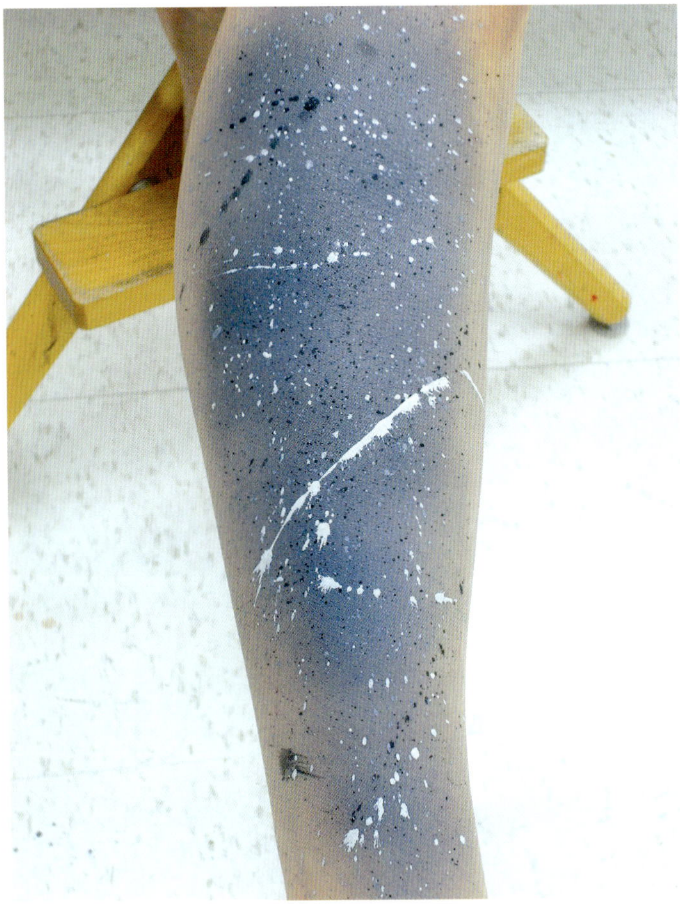

그림(3) 작품 완성

그림(3) 마지막으로 일반용 브러시에 화이트 및 블랙 색상을 바른 후 손으로 흩뿌려줌으로써 자연스러운 대리석 질감 표현의 완성도를 높여준다.

(2) 나뭇결 표현(2)

그림(1)

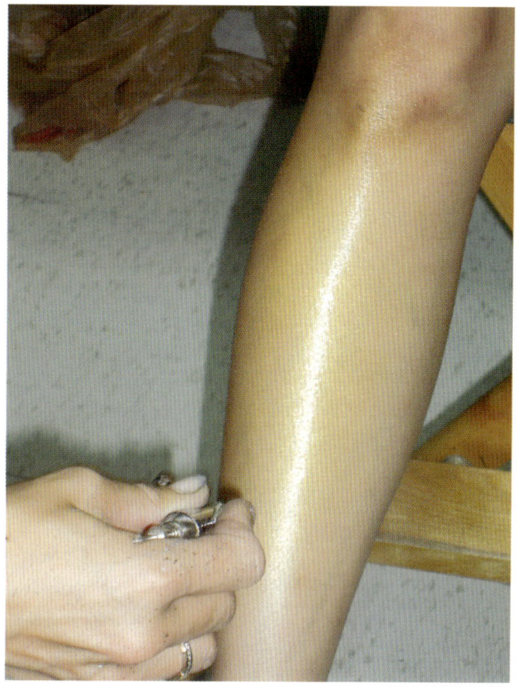

그림(2)

그림(1) 페인트용 브러시, 해면, 붓, 코튼, 타올, 기타 등의 재료를 이용할 수 있다.

그림(2) 나뭇결 표현을 위한 디자인을 설정한 뒤 기본 바탕 색상을 선택한 뒤 에어 브러시로 피부 전체에 1차적으로 도포한다.

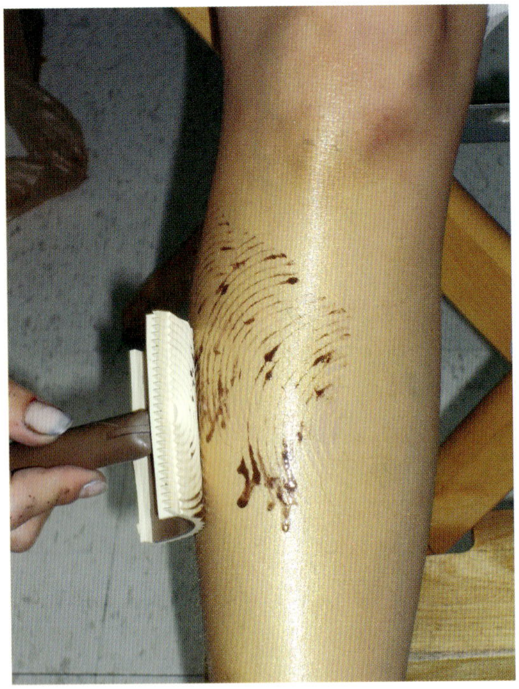

그림(3)

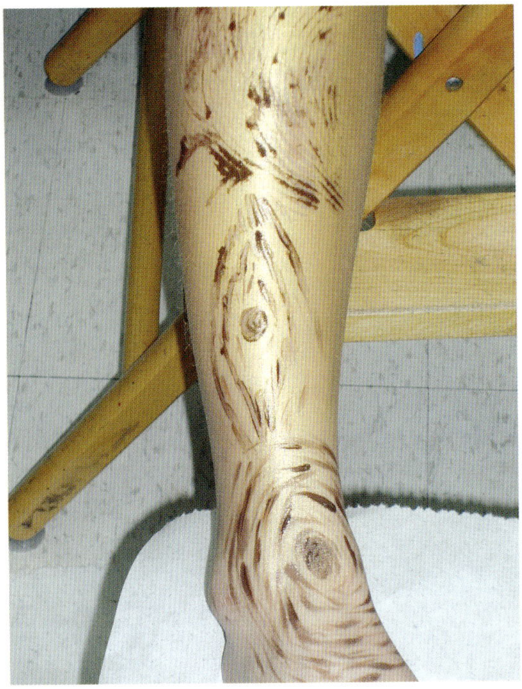

그림(4) 완성

그림(3) 나뭇결 무늬의 도장을 이용하여 에어 브러시용 파운데이션 색상으로 피부에 찍어줌으로써 2차 표현을 해준다.

그림(4) 마지막으로 3차 표현은 일반 브러시를 사용하여 디테일한 부분을 손으로 그려줌으로써 피부를 이용한 나뭇결 무늬의 작품을 완성시켜 준다.

2) 스텐실을 이용한 디자인 표현법

(1) 팅커벨 요정

그림(1)

그림(2)

그림(1) 디자인한 팅커벨 요정의 스텐실을 신체 부위에 밀착시켜 팅커벨 요정 형태 및 신체 색상을 에어 브러시용 화이트색상의 파우데이션으로 1차 도포한다.

그림(2) 팅커벨 머리 형태의 스텐실 제작 문양을 피부에 밀착시켜 노란 색상의 파운데이션으로 2차 도포한다.

그림(3)

그림(4)

그림(3) 팅커벨 요정의 의상 형태로 디자인된 스텐실을 피부에 밀착시킨 후 에어 브러시를 이용하여 블루 계열에 파운데이션 색상을 피부에 3차 도포한다.

그림(4) 날개 모양으로 디자인된 스텐실을 피부에 잘 밀착시켜 에어 브러시용 화이트 색상 계열의 파운데이션으로 4차 도포한다.

그림(5)

그림(6)

그림(5) 날개의 중앙 부분에 작은 이중 날개 부분의 스텐실을 디자인하여 피부에 밀착시킨 후 화이트 색상 계열의 파운데이션으로 에어 브러시를 이용하여 5차 도포한다.

그림(6) 팅커벨 요정의 신발을 디자인한 스텐실을 피부에 잘 밀착시킨 후 붉은 색상 계열의 파운데이션을 선택한 뒤 에어 브러시를 이용하여 6차 도포한다.

그림(7) 작품 완성

그림(7) 디테일한 선의 표현 및 작품의 전체적인 선의 표현은 에어 브러시용 블랙 파운데이션과 가는 붓을 이용하여, 직접 손으로 그려줌으로써 작품의 섬세한 라인의 표현과 음영 및 입체감을 리얼하게 표현해 주고 전체적인 완성도를 높여주게 된다.

<팅커벨 요정 스텐실 디자인>

<스텐실 디자인 예>

3) 포인트 아트 메이크업 표현법

(1) 눈매 강조

그림(1) 핑크 톤의 스타 파우더를 1차 브러시에 발라준다.

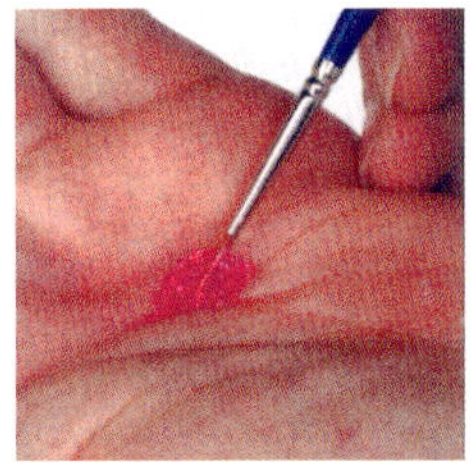

그림(1)

그림(2) 기본 아이섀도가 표현되어 있는 눈두덩이의 아이라인 부분에 핑크 스타 파우더를 섬세하게 그려준다.

그림(2)

그림(3) 화이트 톤의 스타 파우더를 2차 브러시에 발라준다.

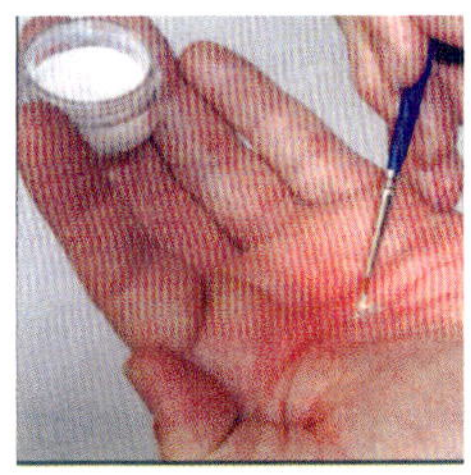

그림(3)

그림(4) 1차 표현되어 있는 아이라인 부분에 화이트 스타 파우더를 2차 덧발라 섬세하게 그려준다.

그림(4)

그림(5) 눈매 강조 아트 메이크업 완성

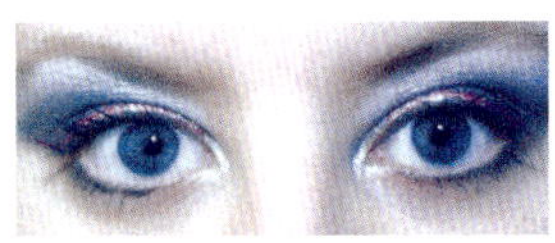

그림(5)

(2) **다리 강조** Art make-up

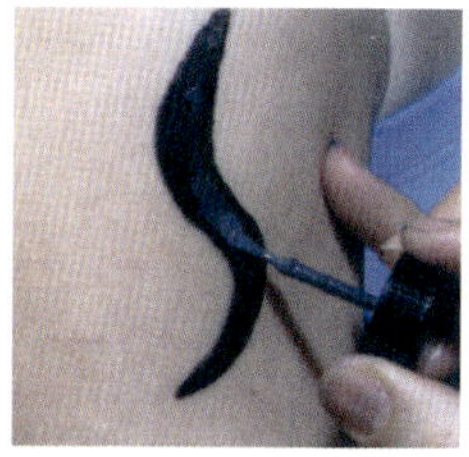
그림(1)

그림(1) 디자인 콘셉트를 설정한 후 블랙 컬러를 사용하여 도안 전체에 1차 그려준다.

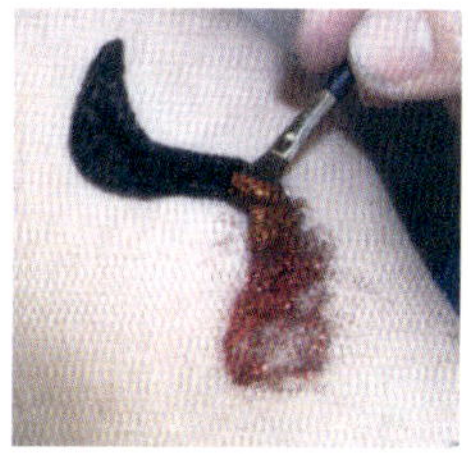
그림(2)

그림(2) 붉은색 스타 파우더를 1차 그려진 무늬 위에 2차 덧발라 준다.

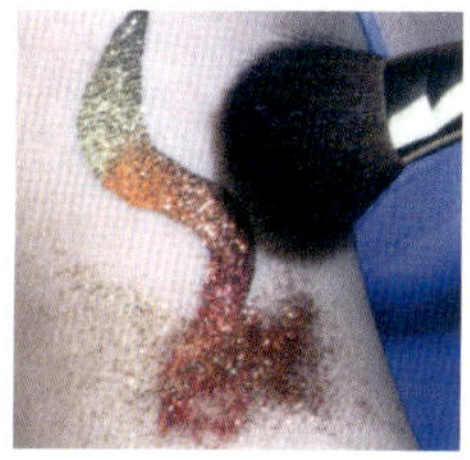
그림(3)

그림(3) 오렌지와 그린 계열의 각종 스타 파우더를 표현하고자 하는 문양에 3차 4차 덧발라 화려하게 표현해 준다.

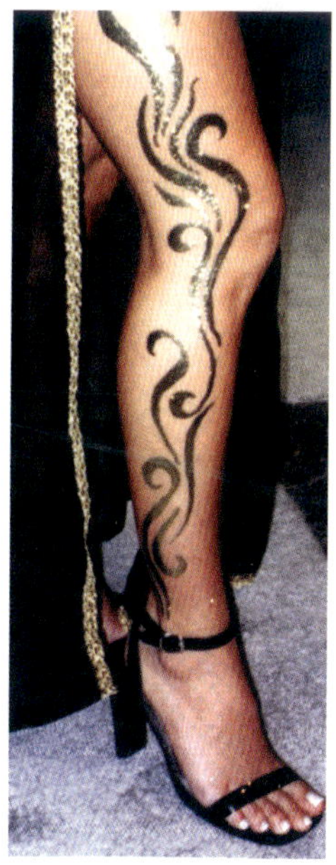
그림(4) 완성작품

그림(4) 다리 강조 아트 메이크업 완성

(3) 페이스 Art make-up

그림(1)

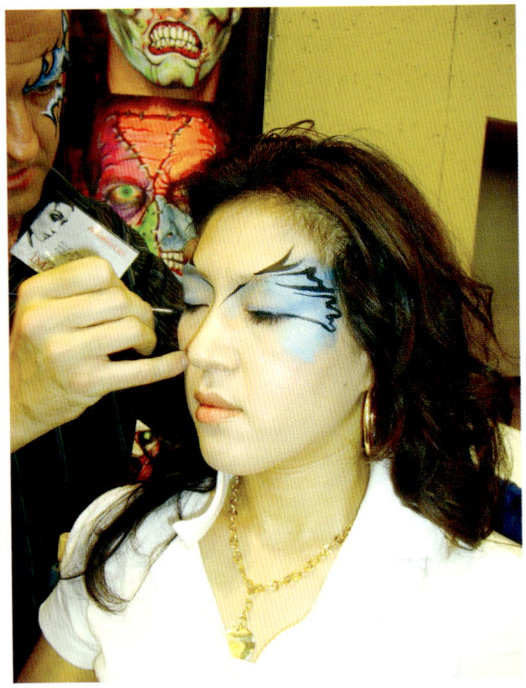

그림(2)

그림(1) 1차 표현

가면 디자인을 설정한 후 기본 바탕이 되는 색상을 브러시를 사용하여 얼굴에 1차 기본 바탕색을 표현한다.

그림(2) 2차 표현

설정한 디자인을 가는 붓을 사용하여 강약 조절을 하면서 선을 입체감 있게 표현한다.

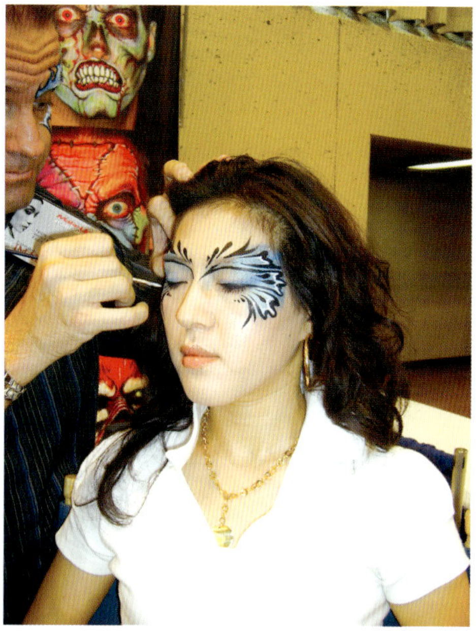

그림(3)

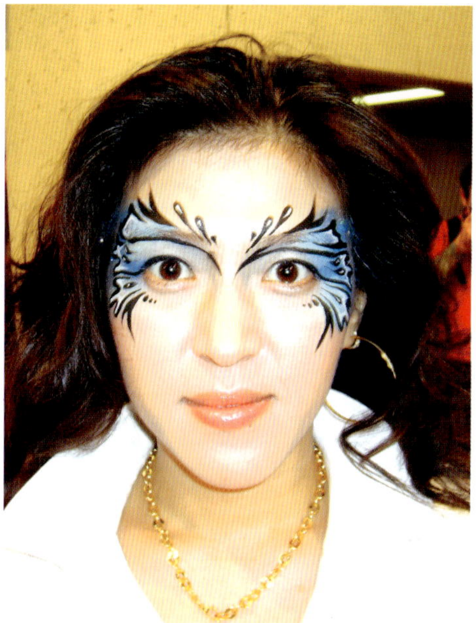

그림(4)

그림(3) 얼굴에 표현된 가면을 더욱 입체감 있고 디테일하게 표현하기 위해서 그라데이션 기법으로 화이트 색상을 이용하여 부분 표현해 준다.

그림(4) 부분 수정 후 작품을 완성한다.

그림(5) 작품 완성

04 아트 메이크업의 기법

04 아트 메이크업의 기법

1. 아트 메이크업 과정

1) 주제 설정

아트 메이크업은 아티스트가 가진 독창적인 감성을 인체를 통하여 예술적으로 표현하는 것으로 다양한 소재와 모티브를 주제로 선정하여 이미지화할 수 있다.

아트 메이크업 주제의 모티브로는 다음과 같이 나누어 볼 수 있다.

- 구체적 사물 : 구체적인 형상이 있는 사물(불, 바다, 호랑이, 꽃 등)
- 상상적 세계 : 눈에 보이지 않는 상상의 세계나 미래적 이미지 표현
- 사회적 메시지 : 사회적 문제점이나 이슈를 주제(자연보호 등)
- 예술 사조 : 기존의 작가의 작품을 응용하여 디자인할 수 있다.
- 인체의 굴곡을 이용한 작품 : 인체의 형태에 옷을 입은 듯한 착각을 줄 수 있다.
- 시대적 특징을 이용한 작품 : 이집트 메이크업, 가부끼, 경극, 인도 메이크업 1900~2000년대를 대표하는 특징의 작품

2) 자료 수집

아트 메이크업은 시각적 예술로서 주제를 제대로 전달하고 예술적 가치를 위한 창의성이 필요하며, 이를 위해 다양한 자료와 정보를 수집해야 한다. 인간의 창의력은 기존의 정보를 바탕으로 하기 때문에 다양한 자료의 수집은 독특한 작품을 만들기 위한 기초 작업이다. 미술 화보, 잡지, 책, 전시회, 인터넷, 영화 등에서 찾을 수 있다.

3) 콘셉트 설정

콘셉트란 '주장', 방향' 이란 뜻으로 작품이 의도하는 바가 무엇인가를 정확히 표현하기 위해 구체적으로 설정하는 단계이다.

좋은 작품이 되기 위해서는 표현하는 이미지를 정확하게 연출할 수 있어야 한다. 전체적인 작품을 돋보이게 하기 위해서 소품, 의상, 헤어도 고려하여 콘셉트를 잡는다. 훌륭한 콘셉트는 창의성, 연관성, 차별성이 있어야 한다.

4) 스케치

스케치란 주어진 대상과 똑같이 그리는 것이 아니라 대상이 갖는 특징을 간추려서 표현하는 것이다. 이 단계에서는 선정한 콘셉트를 어느 정도 표현하여 메모하는 단계로 보아야 한다. 사물을 다양한 각도와 시각으로 바라보며 특징을 살려 표현할 수 있어야 한다.

5) 모델 선정

인체 위에 행해지는 아트 메이크업은 모델 선정이 중요하다. 작품의 의도에 맞는 모델을 선정하는 것이 중요하며, 보디 페인팅의 경우 인체의 곡선을 살려 표현하므로 어느 정도 몸의 균형을 살펴보는 것이 좋다. 특히 여성의 경우 인체의 굴곡이 많으므로 작품의 의도에 따른 입체적인 스케치가 중요하며, 완성 시 작품이 표현하고자 하는 포즈를 취하게 하는 것이 좋다.

6) 구체적 디자인 일러스트

실제 인체에 행하는 메이크업은 여러 가지 제약 조건이 따른다. 일단 작업이 시작되면 수정하기가 힘들어 지기 때문에 머릿속 구상만으로는 한계가 있기 때문에 사전에 스케치를 통하여 작업의 숙련도와 자신감을 얻을 수 있다. 또한 여러 명이 동시에 작업하게 되었을 때 서로의 커뮤니케이션의 전달을 위해서 스케치는 필요하다. 페인팅이 평면이 되지 않게 모델의 골격 구조의 음영을 충분히 살려 스케치해야 한다.

7) 소품 제작

아트 메이크업 시 · 지각적 조형예술로서 관객과의 공감대 형성이 중요하다. 이때 소품은 작품을 이해하는데 도움을 줄 수 있다.

8) 메이크업

먼저 원하는 밑그림을 그린다.

큰 면을 먼저 칠하고 작은 면을 칠하는 게 효율적이며 마르기 전에 그라데이션해야 한다. 사용하는 색상은 엷은 색에서 짙은 색으로 옮겨가며 작업한다. 흰색과 검은색으로 마무리를 하게 되면 메이크업이 입체적으로 보인다. 마지막으로 입체감과 화려함을 주기 위해 글리터스를 뿌려준다.

9) 토털 코디네이션

작품 완성의 마무리 단계로서 작품의 특징을 효과적으로 연출할 수 있는 소품을 제작하여 모델에게 코디하므로 작품의 완성도와 이해를 높일 수 있다. 특히 조명 아래 무대에서 펄과 글리터스로 마무리하여 멋진 작품으로 연출한다.

2. 아트 메이크업의 기법 및 종류

1) 그라데이션 기법

색채를 단계적으로 일관성 있게 변화를 주는 방법으로 점층법 또는 점이라고도 한다.

그라데이션은 색상뿐 아니라 명도, 채도, 톤의 요소에 따라서 점차적인 변화를 줌으로써 입체감과 생동감을 줄 수 있다.

2) 콜라주 기법

불어의 '풀로 붙이다' 란 의미로 이물질의 첨가로 보는 것으로, 현실감을 유도하고 보이는 것 이상의 것을 발휘하여 대상이 지닌 생동감을 느끼게 해준다.

아티스트가 표현하고자 하는 이미지에 적합한 다양한 소재를 사용하며 현실 세계에 존재하는 사물을 제한 없이 부착하여 조형적으로 표현할 수 있다. 현대 패션쇼에서 많이 보여 주고 있으며, 얼굴에 레이스를 붙이거나 레터링하고, 눈썹에도 색다른 소재를 사용하여 장식하는 경우를 들 수 있다. 따라서 메이크업 소재의 다양성을 가져왔으며, 이러한 새로운 소재에 맞는 독특한 기법이 발달하고 있다.

3) 트롱프-뢰유(착시) 기법

눈속임 기법을 의미하는 것으로 착각 또는 착시와 같은 뜻으로 사용된다. 관객에게 시 착각을 불러일으키기 위해 사물이나 물체의 색채가 우선시된다. 옷을 흉내내기도 하고, 인체와 자연을 하나로 보이게 표현하기도 한다.

4) 점각(점묘) 기법

점을 찍는 의미로 붓이나 스펀지를 이용하여 신체에 표현한다.

붓의 크기에 따라 섬세하거나 거친 효과를 낼 수 있으며, 여러번 반복하여 겹치면 깊이 있는 질감이 형성된다.

5) 브러싱(Dry brushing) 기법

붓에 물감을 묻힌 후 그리는 방법으로 섬세한 표현이 가능하고 명암의 표현에 효과적이다.

6) 스컴 블링(scumbling) 기법

물감을 적당히 닦아낸 후 이미 칠한 부위에 둥글리며 칠하면 1차 색조와 자연스럽게 혼합된다.

나뭇결의 나이테, 물방울, 대리석 느낌을 표현할 때 용이하다.

7) 에어 브러시 기법

에어 브러시를 사용하여 손으로 한 작업에서 얻기 힘든 그라데이션과 섬세한 질감 표현이 가능하고 여러 가지 스텐실을 이용하여 독특한 형태를 연출할 수 있다.

8) 스텐실 기법

원본에 공판처럼 다양한 문양을 디자인하며 잘라낸 후 그 안을 채우는 형식으로 다양한 소재를 사용할 수 있다.

ART make up

05 아트 메이크업의 분류

Chapter 05
아트 메이크업 분류

1. 판타지 메이크업

개인이 상상한 것을 표현하는 메이크업으로 선과 면, 색을 적절히 사용하여 환상적인 느낌을 표현하는 것이다. 일정한 틀이나 제재가 없으므로 다양한 표현이 가능한 판타지 메이크업은 얼굴의 윤곽과 라인을 고려하여 디자인해야 한다.

판타지 메이크업은 실물을 확인할 수 있는 것을 형상화시키는 구체적인 표현과 보이지 않는 것, 즉 상상한 것을 표현하는 추상적 표현이 있다. 여러 가지 소재를 이용하여 강렬하고 독특하게 표현할 수 있으며 의상이나 장식물과 함께 토털 코디네이션이 잘 이루어져야 하므로 메이크업과 소품이 동떨어지지 않게 통일감을 주어야 한다.

〈순서〉

① 주제에 맞는 이미지를 구상한다.
② 모델의 피부 톤보다 밝게 파운데이션을 발라준다.
③ 화이트 펜슬로 디자인을 스케치한다.
④ 섀도와 아쿠아 컬러를 이용하여 그라데이션한다.
⑤ 하이라이트와 포인트 부분을 강조하여 입체감 있는 연출을 한다.
⑥ 펄과 글리터를 이용하여 화려함을 더해준다
⑦ 소품을 코디하여 작품의 완성도를 높인다.

1) 오브제 아트

작품에 쓴 제품 외에 다양한 재료(비즈, 레이스, 깃털, 보석 등)를 작품에 부착함으로써 새롭고 독특한 이미지를 연출하고, 입체감 있는 메이크업으로 완성시킬 수 있다.

2) 동물 패턴

동물의 이미지를 형상화하여 얼굴에 메이크업한 것으로 마치 살아있는 듯한 느낌을 연출할 수 있으며, 부분적으로는 동물의 프린트만을 사용하기도 한다.

3) 그로테스크적 판타지

'기괴하다'를 순화한 말로서 주로 패션쇼에서 작가의 창조적 아이디어가 돋보이는 형식으로 보여주고 있으며, 현대에 와서는 주로 스모키 메이크업의 변형으로 나타나기도 한다. 주로 아이 메이크업을 강조하는 패턴으로 많이 보여지고 있다. 디자인과 소재면에서 이질적이고 공포를 불러일으키는 부자연스러운 요소들을 결합하여 혐오스러운 메이크업으로 표현된다.

4) 그래픽 판타지

무난하고 정형적인 메이크업에서 벗어나 그래픽 요소를 도입하여 문자나 기호, 도형 등을 사용한 것으로 주로 직선, 사선, 곡선, 원 등으로 기하학적인 형태를 자유로운 감각으로 디자인하여 표현한다.

5) 에스닉 판타지

민속적이며 토속적인 양식으로 전원적인 민속 문화를 도입하여 자연의 이미지를 연상하게 한다. 주로 아시아, 아랍, 중동, 잉카, 아프리카 등의 문화를 반영하여 국가의 전통 화장을 응용한 메이크업으로 현대에 와서는 다양한 패션쇼에서 의상과의 조화를 통해 표현되고 있다.

6) 문양 패턴 판타지

무늬의 모양으로서 상징적 의미를 전달할 수 있게 디자인한 것이다. 주로 타투의 모양을 응용하여 디자인한 것으로 곡선의 느낌을 살려서 표현되는 독특하고 개성적인 유형들로 나타나고 있다.

2. 보디 페인팅

메이크업의 꽃이라 할 수 있는 보디 페인팅은 몸 전체에 표현되기 때문에 완벽한 시각적 환상을 자아낼 수 있다. 입체적인 몸 위에 그림을 그리기 때문에 기본적으로 신체의 해부학적인 면이나 골격 구조, 피부의 특성 등을 먼저 파악한 뒤 입체적인 형태와 구조에 따라 디자인을 하고 아름다움을 최대한 살려 자신의 작품 세계를 표현하는 것이 중요하다.

아티스트의 예술성이 유감없이 발휘되는 장르로서 다양한 창작성이 요구되지만, 무엇보다 중요한 것은 창작성과 더불어 조화와 통일감이 있어야만 주제가 돋보이고 작품이 빛날 수 있으며, 특히 디자인의 완성은 소품들과 함께 조화를 이룸으로써 더욱 부각된다. 특히 오브제를 사용하면 효과를 극대화할 수 있다. 시각적으로 표현할 수 있는 어떤 소재나 모티브 등을 다양한 도구와 재료를 이용하여 인체를 이미지화 또는 형성화시켜 재구성하는 것으로 모델과 관중, 음악, 무대, 조명 등이 전체적인 조화가 이루어질 때 완성되는 종합 예술이라 할 수 있다.

우리의 몸은 곡선으로 이루어져 있기 때문에 어떤 테마를 결정한 후 선으로 먼저 표현한 다음 선의 움직임에 따라 면으로 연결되도록 그라데이션해 준다. 이때 중요한 것은 정확하고 강한 이미지를 나타내려면 음영을 분명히 하는 것이 보다 효과적이다.

순서

① 독창적인 감성으로 주제를 설정한다.
② 모델의 피부에 보습제를 발라 건조함을 막아준다.
③ 인체에 맞는 디자인으로 밑그림을 그린다.
④ 사용하는 색상은 엷은 색에서 짙은 색으로 옮겨가며 작업한다.
⑤ 인체의 곡선미와 율동감을 생각하며 색상을 그라데이션한다.

⑥ 입체감 있는 연출을 위해 하이라이트와 섀딩을 넣어준다.
⑦ 필요한 곳에 펄과 글리터를 사용하여 화려함을 더해준다.
⑧ 작품의 완성도를 높이기 위해 소품을 코디네이션한다.

1) 동물 보디 페인팅

동물의 이미지를 형상화하여 보디 페인팅한 것으로 마치 살아 있는 듯한 느낌을 연출할 수 있으며, 실제 존재하지 않은 동물의 형상을 표현하기도 한다.

2) 의상 패턴 보디 페인팅

인체에 의상을 입힌 듯한 착각을 일으키게 하는 방법으로 보디 라인을 따라서 의상의 구김, 디자인 등 디테일한 부분까지 입체감 있게 표현되어져야 한다. 특히 입은 듯한 느낌을 최대한 살리기 위해서는 명암 처리가 중요하게 작용한다.

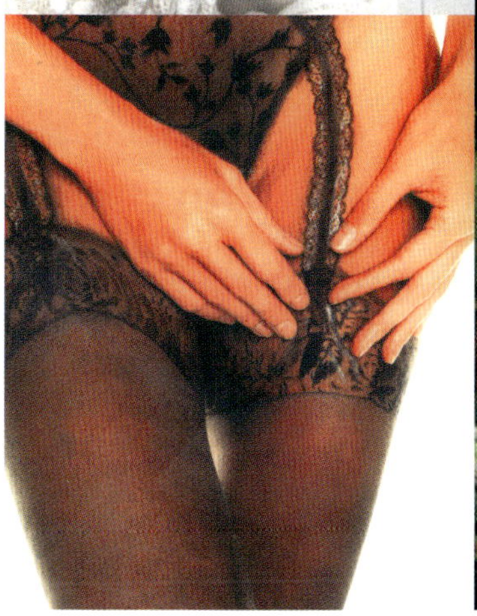

3) 에어 브러시 보디 페인팅

에어 브러시를 사용하여 보디 페인팅하는 것으로 그라데이션의 효과가 높아 입체감 있게 표현할 수 있는 것이 특징이다. 또한 스텐실을 이용하여 빠른 작업이 가능한 장점이 있다.

4) 회화적 보디 페인팅

어떤 대상을 사실적으로 표현하는 방법으로, 평면상에 형상을 그려낸 듯한 착각을 일으키게 한다. 실제의 이미지와 같은 느낌으로 표현할 수 있다.

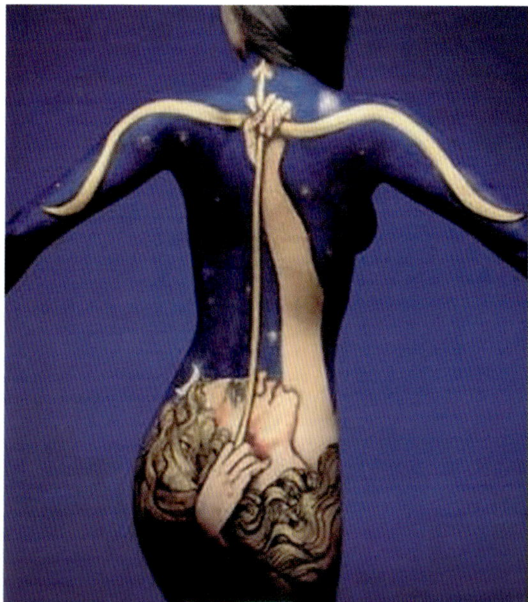

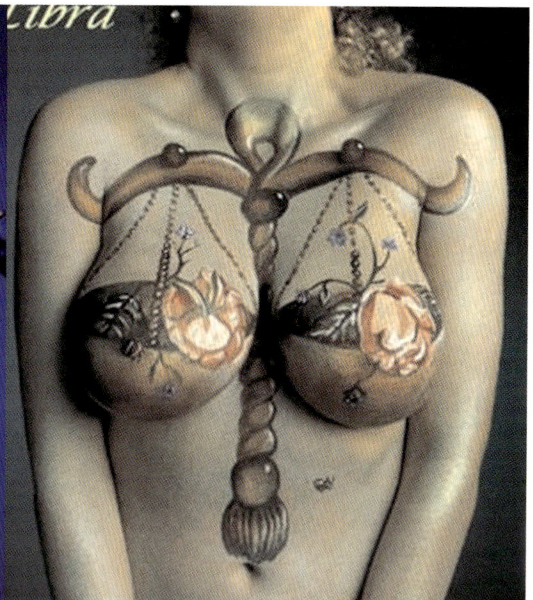

5) 미술 사조 보디 페인팅

역사상의 미술 사조에서 영향을 받아 디자인하는 패턴으로 기존 작가의 그림을 그대로 흉내 내어 인체에 페인팅하는 것이다. 주로 유명 작가의 그림을 재해석하여 인체에 한 폭의 그림을 그릴 수 있다.

6) 사이버 보디 페인팅

'가상', '공상'이란 의미로 미래적이고 우주적인 이미지를 전달할 수 있으며 현대의 최첨단 문명을 느끼게 하는 보디 페인팅으로, 기계적인 우주의 환상을 느낄 수 있다. 주로 형광 제품이나 펄, 글로스 등을 사용하여 질감으로 미래적 느낌을 전달할 수 있게 표현하고 있다.

7) 질감적 보디 페인팅

독특한 재료(흙, 종이, 펄)를 사용하여 오브제로 표현하여 질감에서 오는 특징을 살린 페인팅으로 재료에 따라서 다양한 느낌을 살릴 수 있다.

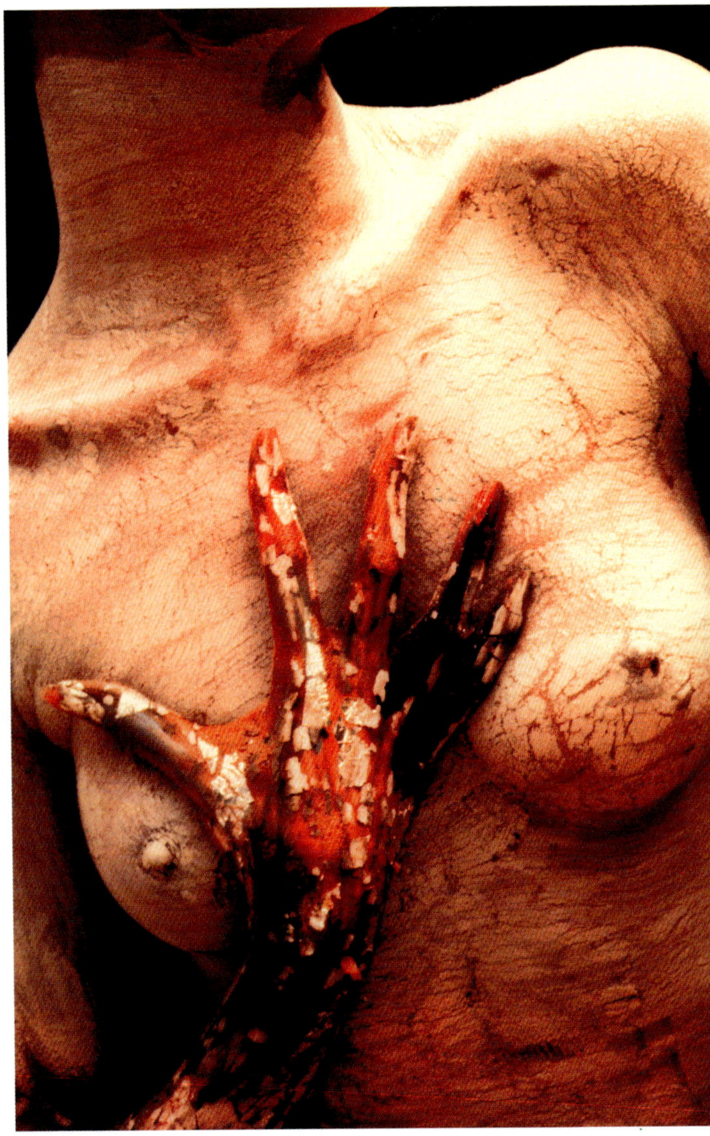

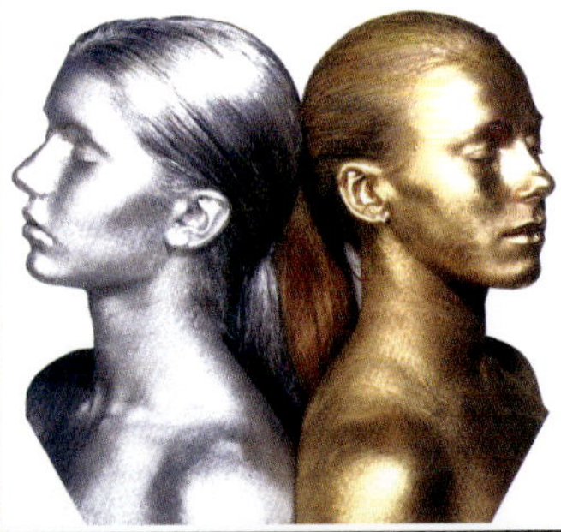

찾아보기

저 자 약 력

김양은 (마산대학 뷰티케어학과 교수)
이미희 (동서울대학 뷰티코디네이션과 교수)
송미영 (오산대학 헤어아트과 교수)
김은주 (김천대학 뷰티아트과 교수)

아트 메이크업

2009년 2월 20일 1판 1쇄 인쇄
2009년 2월 25일 1판 1쇄 발행

지은이: 김양은·이미희·송미영·김은주 공저
펴낸이: 박정태

펴낸곳: **광 문 각**

413-756
경기도 파주시 교하읍 문발리 파주출판정보단지
500-8번지 광문각빌딩 4층
등 록: 1991. 5. 31 제12-484호
전화(代): 031)955-8787
팩 스: 031)955-3730
E-mail: kwangmk@unitel.co.kr
홈페이지: www.kwangmoonkag.co.kr

ISBN : 978-89-7093-502-7 93590

정가 : 20,000원